279184

51

MÉMOIRE

SUR LA CULTURE

DU SÉSAME,

EN ÉGYPTE,

PAR M. J. GRÉGOIRE,

Ex-Directeur des Domaines privés du Prince Mohammet-Aly-Bey,
Fils du Vice-Roi.

Béziers,

Imprimerie de Marioge, Rue Argenterie.

1847.

CULTURE

DU

SÉSAME.

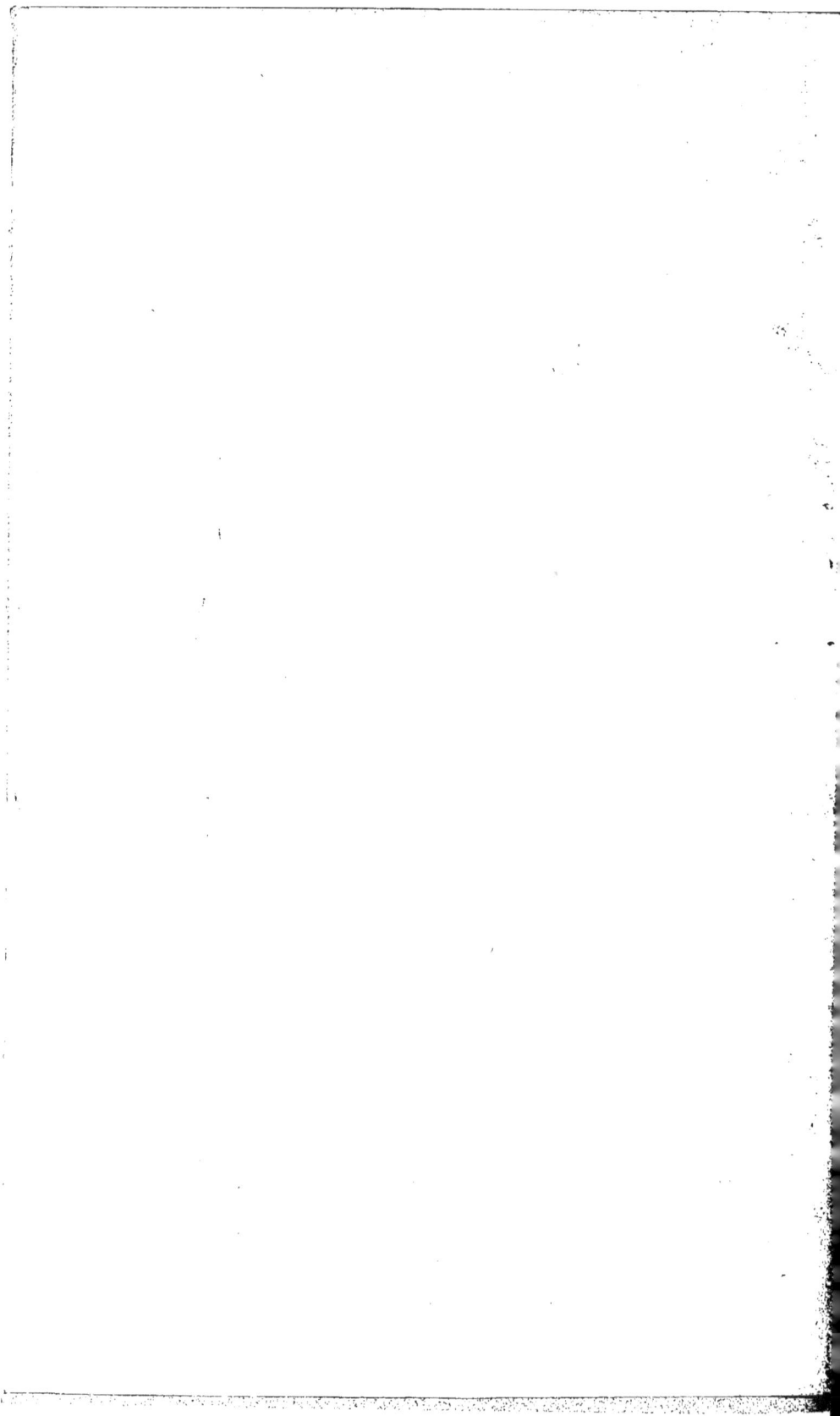

MÉMOIRE

sur

LA CULTURE DU SÉSAME,

EN ÉGYPTE,

Pour servir de guide dans les Essais de culture de cette Plante
dans les Départemens Méridionaux et en Algérie ;

Par M. J. GRÉGOIRE.

Ex-Directeur des Domaines privés du Prince Mohammet-Aly-Bey,
fils du Vice-Roi.

AVANT-PROPOS.

La graine de Sésame, importée du levant en quantité considérable durant ces dernières années, possède une telle supériorité sur les graines et les fruits oléifères indigènes, par la proportion d'huile qu'elle fournit et sa bonne qualité; que leurs producteurs alarmés d'une concurrence désastreuse pour leur industrie, se sont levés de toute part, pour demander au gouvernement une augmentation d'impôt à l'entrée de ce produit nouveau.

Déjà, avant que la loi vînt donner un encouragement à l'agriculture française, plusieurs propriétaires de nos provinces méridionales avaient tenté d'introduire cette plante si riche. Désormais, la protection accordée par la loi déjà votée par la chambre élective, sollicitée par le congrès central agricole, et qui recevra indu-

1

bitablement la sanction des deux autres pouvoirs (1), permettant d'obtenir de sa culture des résultats plus avantageux, les essais deviendront nécessairement plus nombreux, et seront suivis avec plus d'intérêt.

Ayant cultivé pendant cinq ans, en Egypte, le Sésame, dans les grandes exploitations que je dirigeais, sur une échelle assez vaste, pour obtenir jusqu'à 3,000 hectolitres de graine dans une seule récolte, j'ai cru qu'il était de mon devoir de faire connaître le résultat de mes observations.

Mon unique but étant d'être utile à mes compatriotes, j'ai tout lieu d'espérer, que ce mémoire, qui renferme les données les plus exactes sur la manière dont cette plante oléagineuse est cultivée en Egypte, et les principes qui doivent guider dans les essais de culture en France, sera accueilli favorablement, par toutes les personnes qui s'intéressent à la prospérité de l'agriculture de nos départemens du midi.

---

(1) Ce mémoire a été écrit en 1845.

GÉNÉRALITÉS.

Le Sésame, en arabe *Semsem*, est une plante de la famille des bignones, sa racine, grosse, fibreuse, divisée en un grand nombre de filamens, s'étale et pénètre assez avant dans la terre; sa tige, d'abord arrondie, devient quadrangulaire; elle fournit des rameaux nombreux qui lui donnent l'aspect d'un arbrisseau; elle acquiert jusqu'à 6 pieds de hauteur. Ses feuilles sont opposées, pétiolées ovales, découpées sur les bords, quelquefois lobées, légèrement velues; ses fleurs sont blanches, solitaires sur un pédoncule court, placé dans l'aisselle des feuilles; sa graine est renfermée dans une capsule bivalve, de forme quadrangulaire, ayant de 12 à 16 lignes de longueur, sur 3 ou 4 sur chaque face. Elle s'ouvre par son sommet mince et aplati, et présente intérieurement 4 rangées de graines, d'environ 20 chacune, séparées par des cloisons incomplètes. Le nombre de capsules que peut donner un seul pied est très-grand : j'ai souvent compté 36 paires sur une seule branche, et sur une plante entière 800 et jusqu'à 880 capsules.

Cette plante est cultivée depuis fort long-temps en Egypte, et selon toute probabilité elle y a été apportée des régions supérieures du cours du Nil, où elle est cultivée en grande quantité, dans le Kerdofan, les montagnes de *Nouba* et la presqu'île de Sennaar. Les habitans de ces contrées sont avides de cette graine, qu'ils mangent sous plusieurs formes, et dont ils extrayent de l'huile, qu'ils emploient à s'oindre le corps et à préparer leurs alimens.

Je reçus en 1841 une petite quantité de graine provenant de ces pays; je les confiai à M. Husson, directeur du jardin botanique de l'école de médecine du Caire, pour qu'il les semât. Ces graines avaient un volume du tiers au moins plus considérable que celui du plus beau Sésame récolté en Egypte; leur surface, légèrement chagrinée, avait une teinte plus foncée, et sur leur bord régnait une ligne d'un brun rougeâtre, que l'on rencontre bien en Egypte dans quelques Sésames produits de terres très-fertiles, mais moins marquées. Quoi qu'il en soit du lieu d'importation, passons à ce qui concerne sa culture.

Toutes les provinces de l'Egypte ne cultivent pas le Sésame : celles qui composent la Basse-Egypte le cultivent toutes en plus ou moins grande quantité ; mais l'habitant de la Haute-Egypte retire de l'huile de plantes qui n'en fournissent que de mauvaise qualité, et en petite quantité, et il néglige le Sésame. Ce n'est pas que cette plante ne réussisse parfaitement dans ces contrées, puisque l'essai qu'on y a fait a prouvé qu'elle pourrait donner de beaux produits, mais des considérations particulières ont, jusqu'à ce jour, détourné l'habitant de sa culture.

Voici sur les expériences faites, des renseignemens qui m'ont été fournis, sur les lieux, par un cultivateur. Ces renseignemens m'ayant depuis été confirmés par plusieurs autres personnes, méritent toute croyance : je laisserai parler l'agriculteur lui-même.

« Vers l'an 1242, le gouverneur de notre province distribua aux principaux d'entre nous, une certaine quantité de Sésame avec ordre de le semer. Personne ne l'ayant encore cultivé dans le pays, nous le semâmes beaucoup trop dru. Néanmoins, grâce à la grande fertilité du sol, il se développa très-bien et acquit une grande hauteur ; mais comme cette graine est d'un goût agréable, la plus grande partie fut mangée avant la récolte ; ce qui resta fut dévoré sur l'aire, au point que la plupart de nous ne put rendre au magasin du gouvernement, la quantité de semence reçue.

» Il est hors de doute que cette plante réussirait dans nos contrées beaucoup mieux que dans la Basse-Egypse ; et si nous avons été amenés à laisser croire le contraire, c'est que la culture des céréales, qui n'exige presque aucun travail, est assez productive pour suffire à nos besoins, et de plus (c'est le principal motif), on est pleinement persuadé chez nous, que si nous cultivions le Sésame, le gouvernement ne manquerait pas d'augmenter nos impôts. Or, l'impôt une fois augmenté, ne diminue plus, et par là si le prix du Sésame venait à baisser, nous nous trouverions dans l'impossibilité de payer. C'est du reste par ce même motif que nous n'avons pas cultivé le coton, quoiqu'il produise chez nous des récoltes admirables. »

L'obstacle qu'opposait la répugnance des habitans se trouve levé aujourd'hui, car la Haute-Egypte comme la Basse a été divisée entre les membres de la famille du vice-roi, ses principaux mameluks, et quelques hauts personnages, qui cultivent, chacun leurs villages, de la manière qu'ils le jugent convenable. Ils sentiront la nécessité d'étendre dans les parties hautes la culture du Sésame, d'autant plus que les terres de la Basse-Egypte, où il est aujourd'hui cultivé, sont tellement épuisées qu'elles ne produisent plus que de minces récoltes. Mais un obstacle beaucoup plus grand empêche que cette culture acquière du développement dans ces contrées : cet obstacle, c'est le manque de capitaux suffisans, car chacun des nouveaux propriétaires possède 80, 100, 120, jusqu'à 150 villages. Or, on conçoit aisément, que des exploitations aussi colossales, soient au-dessus des ressources de gens qui ne paraissent riches que parce qu'autour d'eux les populations sont misérables, et qui d'ailleurs naturellement thésauriseurs, ne voudraient pas exposer leur fortune dans des exploitations de ce genre.

Assolement.

Un climat toujours égal, un terrain ayant partout pour origine les alluvions du Nil, sembleraient des conditions qui permettraient d'adopter partout le même assolement. Il en était ainsi dans les temps anciens ; alors, toujours au trèfle, à la féverolle, nourriture des animaux, succédaient le blé, l'orge, la lentille, nourriture de l'homme ; et les dépôts annuels du fleuve venant en aide à cet assolement bien entendu, la fertilité du sol allait toujours croissant. Mais, de nos jours des cultures plus riches se sont introduites, et ont changé la face de l'agriculture ; car étant pendantes précisément à l'époque des grandes eaux, il n'a plus été possible d'inonder les terres sur lesquelles on les cultive, et la difficulté d'élever les eaux pendant la période où elles n'atteignent pas le sol, étant devenue le principal obstacle, la plus ou moins grande quantité d'eau que chaque culture nécessite, a déterminé les divers assolemens. On peut diviser le pays en 4 zônes ayant chacune des assolemens différens. Ainsi, depuis le

Caire jusqu'à Assouan, l'ancienne sole est encore en vigueur ;
je l'appellerai sole des céréales : là le terrain ne reçoit pas d'autre
arrosement que celui de l'inondation ; et c'est à la retraite des
eaux que l'on répand la semence sur le sol. La seconde sole
comprendra les régions où l'eau se trouve à 20 pieds au moins
au-dessous du sol, à l'étiage. La troisième, celles où elle se trouve
au moins à 12 pieds de profondeur. La quatrième enfin, celles
où elle se trouve au-dessous de 12 pieds.

Dans la première zône, le Sésame n'est pas cultivé ; dans la
deuxième, que j'appellerai zône du Sésame, il est cultivé dans
une proportion plus grande que nulle autre culture d'été ; dans
la troisième, le coton vient partager avec lui le terrain ; dans
la quatrième enfin, que j'appellerai zône du riz, le Sésame
succède à cette plante après une céréale d'hiver.

On voit, d'après cela, que le Sésame est, de toutes les cultures
d'été, celle qui occupe le plus de terres : cela tient à ce qu'il
exige moins d'eau qu'aucune autre, qu'il permet à la terre de
donner deux récoltes dans la même année, qu'il exige moins de
main-d'œuvre, et qu'enfin, vu son prix élevé et la dépréciation
du coton, il est devenu l'une des cultures les plus productives.

Lorsque les agriculteurs égyptiens cultivaient leurs champs
suivant leur volonté, ils faisaient toujours succéder le Sésame, au
blé semé sur un trèfle rompu ; mais depuis que le vice-roi,
voulant diriger lui-même toutes les cultures, fixa la quantité
que chaque habitant devait cultiver de chaque produit, cet assolement bien raisonné fut abandonné, et le trèfle, culture amé-
liorante, mais dont on n'obtenait pas directement le prix en
argent, diminua ; tandis que le coton et le Sésame augmentèrent
dans une proportion énorme : d'où il advint que l'on sema deux
années de suite le Sésame sur la même terre, en intercallant
une céréale, ou que même on sema le Sésame sur le coton.
Ceci a eu lieu dans tous les domaines privés du vice-roi (chyflics)
qui sont immenses, d'après un ordre exprès de son altesse. Cet
ordre portait en substance, qu'attendu que la céréale qu'on semait dans le coton ne produisait que peu, on cesserait de la
semer, et qu'on laisserait la terre libre pour y semer du Sésame.

Ainsi Sésame sur Sésame, Sésame sur coton, voilà le mode de succession de culture qui est adopté. Or, l'une et l'autre de ces cultures étant épuisante et altérante en même temps, la terre se trouve rapidement détériorée ; et si nous joignons à cela, une étendue de culture hors de proportion avec les moyens d'exploitation, nous aurons les raisons principales, qui font que le vice-roi ne retire guère, que le 1|6 des produits que les habitans obtenaient de leurs Sésames.

Dans nos pays, peu de terres ayant la richesse de celles de l'Egypte, la maturité des céréales étant d'ailleurs beaucoup plus retardée, il serait impossible de semer le Sésame sur le froment, comme le pratiquaient les agriculteurs égyptiens. La meilleure condition serait, je pense, de placer cette culture sur une jachère fumée, sur une luzerne ou sur un trèfle rompus. Au reste, richesse, profondeur et ameublement du sol, sont trois conditions que devra toujours réunir le terrain sur lequel on voudra semer le Sésame, et on n'oubliera pas que cette plante épuise considérablement le sol.

Nature du Sol.

Quoique ayant partout la même origine, le sol de l'Egypte est loin de présenter des qualités uniformes sur tous ses points. Les cultivateurs égyptiens font une distinction entre les terres jaunes et les terres noires, sans trop se rendre compte de leur différence. Mais, en observant les diverses qualités des terres, on trouve qu'elles tiennent à des proportions différentes de sable, d'argile et de sels, ordinairement à base de soude et de potasse. Le sol où domine le sable forme la terre jaune; le sol qui contient un excès d'argile constitue la terre noire. Mais entre ces deux extrèmes se trouve une infinité de degrés qui, suivant les proportions de chacun de ces deux élémens, donnent au sol des qualités diverses.

Les sels, fléaux de la zône inférieure de la Basse-Egypte, dont ils rendent une grande partie impropre à la culture du Sésame, sont moins abondans à mesure qu'on s'élève vers les régions supérieures, et presque nuls à la pointe du Delta; dans la province du Ménoufié, où les courans inférieurs des deux branches s'unissant, dissolvent constamment tout ce que le sol peut en contenir.

Le sable étant la partie la plus lourde du limon, est aussi le premier déposé. Ainsi on remarque que les terres les plus hautes, les plus voisines des cours d'eau, sont plus sableuses, et cela non seulement dans l'Egypte entière, mais encore dans chaque parcelle; l'on trouve la portion qui avoisine la rigole d'arrosement, plus élevée et plus sableuse que le reste de la pièce ; c'est pour cela que la pointe du Delta, et les parties qui lui correspondent des deux côtés sont sableux, ainsi que les bords des grandes branches et des principaux canaux.

Au contraire, l'argile étant beaucoup plus ténue, est déposée dans les lieux éloignés des courans. Ainsi les parties avoisinant la mer dans une zône de 10 à 12 lieues, sont argileuses; et si l'on trouve dans cette étendue des terrains sableux, on peut être assuré que c'est toujours sur les bords d'un canal récent ou ancien.

A richesse égale, les sols sableux conviennent beaucoup mieux que les sols argileux, à la culture du Sésame et de toute autre plante, le riz excepté. On conçoit, en effet, que dans un climat chaud comme celui de l'Egypte, et où l'on a la faculté d'arroser, le terrain sableux en permettant l'ascension facile de l'eau des couches inférieures, conserve aux plantes la fraîcheur nécessaire pour végéter d'une manière uniforme ; tandis que les sols argileux, peu perméables, mettent la plante dans des alternatives constantes d'humidité et de sécheresse, et qu'ils l'exposent en outre à avoir ses racines desséchées par les crevasses qui se forment, ou coupées par la compression qu'exerce le retrait du sol. Le Sésame que l'on cultive dans les terres argileuses du riz acquiert de belles dimensions, il produit plus de tiges, toutes ses parties ligneuses et foliacées sont plus développées; mais, à richesse égale de sol, il donne moins de graine et de moins belle qualité que celle des terrains sableux.

Les terrains qui contiennent une trop forte proportion de sels, sont impropres à la culture du Sésame : aussi voit-on partout

dans les terres des parties basses, des places où le Sésame
n'a pas levé; d'autres où, après avoir poussé sa troisième ou
quatrième feuille, il s'est desséché; d'autres enfin où il meurt
après avoir reçu plusieurs arrosages. Toujours la cause est un
excès de sel, et malheureusement sa culture favorise leur ascension à la surface par les alternatives d'humidité et de sécheresse où le sol se trouve placé.

Quelle que soit, du reste, la nature du sol, le Sésame ne produit de bonnes récoltes, qu'à la condition qu'il soit très-riche :
aussi les agriculteurs égyptiens l'appellent-ils le crible de la terre
(*gourbal el ard*); voulant indiquer par là, que toute terre qui
produit le Sésame doit être regardée comme de bonne qualité. Il
exige aussi une terre parfaitement nettoyée de plantes étrangères;
car la plante dans son jeune âge est tellement délicate, qu'elle
se laisse étouffer par elles. Le sarclage même ne peut être ef-
fectué avec avantage, les sarcleurs faisant périr beaucoup de
jeunes plantes soit avec les pieds, soit avec l'instrument. De
plus, il ne produit pas les bons résultats qu'on pourrait en attendre, puisque les arrosemens qui succèdent à cette opération
font repousser la plupart des plantes parasytes, et en font même
germer de nouvelles : aussi n'ai-je jamais vu obtenir de belle
récolte sur un terrain malpropre.

D'après ce que je viens d'exposer, il est évident que les terres
fortes, analogues aux terres de riz de l'Egypte, ne conviendraient
nullement à la culture du Sésame dans notre pays. Les terres
sableuses, à moins qu'elles fussent arrosables, ne lui conviendraient
pas davantage : les premières étant trop froides et trop humides,
les secondes redoutant trop la sécheresse. C'est donc dans les
terres franches et les terres sablo-argileuses qui tiennent le milieu
entre ces deux extrêmes, que l'on trouvera les terrains conve-
nables à cette plante. Les terres d'alluvion récente, qui forment
la plupart des plaines du bord de la Méditerranée, me paraissent
réunir les conditions exigées (2). En général, les terres à Sésame

(2) J'ai visité récemment les terres du Comtat Vénaissin, celles de la Haute-
Camargue, les plaines de Lunel, de Narbonne, et je me suis convaincu que la
culture du Sésame y réussirait parfaitement.

devront réunir les qualités suivantes : richesse, profondeur, perméabilité, chaleur.

Préparation du Sol.

Lorsque l'époque favorable à la semaille est arrivée, le cultivateur égyptien se contente d'inonder le terrain d'une manière très-complète ; et lorsqu'il a acquis le degré de desséchement voulu , ce qui arrive de 12 à 18 jours après, on sème et on recouvre sans autre préparation.

Mais qu'on n'aille pas croire qu'une pareille méthode pourrait être pratiquée en France avec succès. En Egypte même on obtient des récoltes plus abondantes, lorsque le sol a été préalablement préparé. J'ai répété l'expérience faite par beaucoup de cultivateurs, et j'ai vu, comme eux, que le Sésame semé sur une jachère d'hiver, après deux ou trois labours préparatoires, donnait au moins 1/3 de produit de plus que celui semé par la méthode ordinaire. Examinons les motifs qui font que la première méthode est suivie, malgré les avantages obtenus par la seconde.

Premièrement, le produit de la récolte de blé est toujours supérieur à l'excédant de produit que donnerait le Sésame, et ce produit est assuré. Deuxièmement, la jachère n'étant pas admise, il est impossible de donner au sol aucune préparation, après la moisson ; car pour donner un seul labour, il faudrait arroser et attendre le desséchement. Si, immédiatement après avoir labouré, on voulait semer, il faudrait arroser de nouveau ; et ces deux arrosemens successifs refroidissant le sol, rendraient la végétation de la plante moins rapide. Si l'on voulait attendre que le sol se fût rechauffé, on perdrait d'abord beaucoup de temps, et de plus on s'exposerait à effriter la terre par son exposition au soleil, de telle sorte que toutes ses molécules seraient désagrégées, et que les plantes y végéteraient fort mal.

Enfin, les inconvéniens qui résultent de ce manque de préparation ne sont pas, à beaucoup près, aussi grands qu'ils le seraient en France. En effet, les terres semées de blé ne sont arrosées, durant cette culture, qu'une ou deux fois ; l'époque de l'arrosage pour le Sésame, est assez avancée pour que le soleil ait le temps de dessécher complètement le sol : aussi, à mesure que l'eau qui arrive par-dessus, à travers les crevasses, imbibe la terre, on la voit se boursoufler comme le fait la chaux, au contact de l'eau, quoiqu'à un degré moindre, de sorte que si l'on y passait dessus à l'instant, on s'enfoncerait jusqu'aux genoux. Ces circonstances indiquent d'une manière certaine l'ameublissement du sol, et permettent de concevoir que le cultivateur égyptien sème le Sésame sans labour préalable. Or, de semblables faits ne se reproduisant pas en France, il est indispensable de produire l'ameublissement du sol par des labours d'automne très-profonds, et des labours successivement moins profonds donnés à la fin de l'hiver et au commencement du printemps. On devra aussi, entre chaque labour, donner un hersage et un roulage. Dans toutes les opérations que l'on exécutera pour cet objet, on aura en vue d'obtenir un sol très-meuble, qui permette aux jeunes racines de la plante, très-délicate dans sa première croissance, de s'étendre avec facilité ; et en même temps très-profond, pour que les racines longues et fortes de la plante devenue grande, puissent s'étendre sans rencontrer d'obstacle. On ne perdra pas de vue que le Sésame redoutant l'excès d'humidité, et surtout l'eau qui séjourne à la surface du sol, les eaux pluviales s'imbiberont aisément dans une terre bien meublée, tandis qu'elles séjourneront dans un sol compacte ; enfin, que le Sésame craint aussi la sécheresse. De là il faudra conclure, que la terre meuble se laissant bien mieux pénétrer par une grande quantité d'eau, que la terre compacte, on obtiendra une couche imbibée plus épaisse, et partant la fraîcheur se maintiendra plus long-temps dans une terre bien ameublie.

Choix de la Semence.

En Egypte, la qualité de la semence est regardée comme n'ayant presque aucune influence sur le produit ; un fait prouvera cette assertion :

En 1842, je demandai à l'administration des domaines, à changer de la graine de lin qui n'était pas de belle qualité, contre de la graine d'une autre province qui a la réputation de la fournir très-belle. L'inspecteur-général des domaines me répondit, que toutes les graines étaient bonnes, et qu'ainsi j'eusse à employer celle que je possédais. C'est en suivant de pareils erremens, que l'on arrive à laisser les produits se détériorer : aussi, si cette cause n'est pas la seule, elle a du moins contribué à hâter la détérioration de la qualité du coton. Si, comme je le pense, le Sésame d'Egypte est originaire du Kordofan, il a subi un commencement de dégénérescence, et déjà le Sésame d'Egypte donne une moindre proportion d'huile, et surtout de moins bonne qualité que celui de l'Anatolie.

Lorsqu'on pourra se procurer la semence sur les lieux, et au moment de la récolte, ce qui sera toujours avantageux, on devra choisir celle qui, réunissant tous les caractères d'une belle végétation, est récoltée sur une terre haute. On prendra celle qui tombe au premier battage, et qu'on désigne par le nom de *Bekré* (Vierge). Dans le cas où l'on sera obligé de choisir sa semence parmi la graine livrée au commerce, on reconnaîtra toujours la belle qnalité, aux caractères suivans :

La graine est grosse, bien nourrie, ses faces sont bombées, plutôt que creuses, sa surface est légèrement chagrinée, sa couleur d'un jaune tirant sur le brun, est plus foncée sur les bords, la substance est jaunâtre, sa saveur fade, rappelant celle de l'amande.

On doit rejeter toute graine ayant le grain petit, comprimé, de couleur jaune pâle. Celle qui est noire, soit que cette couleur se borne à l'épisperme, soit qu'elle se propage à toute la substance, dans le premier cas, elle a été mouillée sur l'aire, et la couleur est due à la terre qui lui est accolée; dans le second, elle a été pourrie, soit sur l'aire, soit au magasin. Il faut aussi rejeter celle qui présente une teinte rouge clair, tant intérieurement qu'extérieurement. Tantôt, c'est de la graine vieille qui a ranci dans les magasins, mais plus souvent elle s'est échauffée sur le Nil, dans les barques où les mariniers sont dans l'usage de vendre à leur profit une certaine quantité de graine, et de mouiller ensuite le tout, pour déterminer un gonflement qui fasse disparaître la soustraction opérée, en ramenant la mesure exacte. La saveur acre qu'a la graine dans ce cas là, suffit toujours pour la faire reconnaître. On trouve aussi quelquefois, des graines qui ont éprouvé un commencement de germination. Il faut y regarder de bien près pour le reconnaître. Au reste, lorsqu'on aura lieu de douter qu'une graine ait conservé ses facultés germinatives, on fera bien d'en faire l'essai par la méthode employée en Egypte. Elle consiste à tremper la graine dans l'eau, à la température ambiante, pendant 6 ou 8 heures, et à la mettre, en la retirant, dans un linge, ou dans de l'herbe fraîche, en ayant soin qu'elle soit tassée, et à la placer dans un lieu dont la température soit un peu élevée, de 30 à 36 degrés, par exemple. Au bout de 24 à 36 heures, la germination est opérée, et l'on est à même de juger du nombre de celles qui n'ont pas germé.

Epoque des Semailles.

L'uniformité du climat est telle en Egypte, que les mêmes conditions atmosphériques se renouvelant tous les ans, aux mêmes époques, permettent d'établir des termes fixes pour toutes les opérations de l'agriculture. Lorsque les habitans exploitaient librement leurs terres, ils avaient fixé à 20 jours avant et 20 jours après la *Nocta* (la Saint-Jean), c'est-à-dire, entre le 1.er juin et le 15 juillet, l'époque la plus favorable à l'ensemencement du Sésame. Mais depuis qu'ils ont été dépossédés, le Sésame a été cultivé sur une bien plus grande échelle, et ces limites ont été beaucoup reculées.

Dans les terres qui peuvent être arrosées par inondation, on sème de bonne heure, de crainte qu'elle ne vienne à manquer plus tard : là, on commence à semer dans les premiers jours de mai ; j'en ai même vu semer dans les premiers jours d'avril, dans les villages appartenant à S. A. Ibrahim-Pacha. Au contraire, dans les terres où l'on est obligé d'élever les eaux, au moyen de machines, on recule beaucoup les semailles, afin que l'ense-mencement, une fois fait, la plante puisse attendre, sans trop souffrir, l'eau de l'inondation, sans être arrosée. Ainsi, on sème beaucoup à la fin de juillet et vers le milieu du mois d'août.

En 1842, sur un rapport qui lui avait été adressé par Hussein Pacha, gouverneur de la province du Ménoufié, duquel il résultait que le Sésame, semé à l'eau de l'inondation, avait donné de bons produits, S. A. ordonna de semer, à cette époque qui correspond à la fin du mois d'août, une grande quantité de Sésame, dans toute l'Egypte; mais cette année, la crue du Nil ayant été un peu retardée, ce Sésame donna des produits tels que le vice-roi n'a plus été tenté de renouveler son expérience. Une partie fut arrêtée par le froid, avant la floraison, et ne pouvant rien produire, fut retournée; une autre partie, plus avancée, donna quelques capsules, mais la plante restant ra-bougrie, celles-ci furent en petit nombre, et renfermaient en petite quantité des graines mal nourries.

Il n'en est pas de même des semailles faites de très-bonne heure; la plante reste, il est vrai, stationnaire pendant les pre-miers temps; mais dès que les fortes chaleurs commencent à se faire sentir, elle prend son essor, et végète avec plus de force; elle pousse un bien plus grand nombre de rameaux, et chacun d'eux présente un plus grand nombre de capsules. En général, dans toute culture, les semailles faites de bonne heure réussissent mieux que celles qui sont retardées, et les cultivateurs indigènes mettent le principe de semer de bonne heure, dans la bouche d'un des leurs, qui, condamné à être pendu, pour avoir semé avant l'époque fixée par son maître, disait à son fils qui l'ac-compagnait au lieu du supplice : « Mon fils, que mon exemple ne te rebute pas, sème de bonne heure, car sur cent cultures semées tôt, une seule manque; tandis que sur cent cultures se-mées tard, une seule réussit.

Pour déterminer l'époque à laquelle il convient de semer en France, il faut considérer, 1.° que le sol ait acquis assez de chaleur pour permettre à la graine de germer; 2.° que la plante sortie de terre, soit à l'abri des gelées tardives, car il est à craindre qu'elle en ressente de fâcheux effets. Ces conditions ne paraissent pas devoir se rencontrer avant le mois de mai ; c'est donc vers le mois de mai que je fixerai cette époque, tout en faisant observer, que ce n'est pas au temps, mais bien aux circonstances atmosphériques qu'il faut avoir égard dans cette opération. Si, au lieu de semer à la volée, comme on le fait en Egypte, on employait le répiquage, qui serait, je crois, avantageux, comme je le dirai plus bas, on pourrait devancer cette époque, de quinze jours, et faire le sémis vers le milieu du mois d'avril.

Quantité de Semence.

Le Sésame doit être semé très-clair. Ce principe, parfaitement connu de l'agriculteur égyptien, découle naturellement de ce que j'ai dit du développement qu'acquiert la plante, et des rameaux nombreux qu'elle fournit. J'ai souvent eu à me plaindre de ce que mes Sésames avaient été semés trop dru, jamais de ce qu'ils étaient semés clair.

La quantité de semence fixée est de 1/3 de kélé par feddan, soit 12 litres par hectare. Je diminuais presque toujours cette quantité, et je n'en faisais mettre dans les bonnes terres, que 1/4 de kélé, environ 10 litres, et la plupart du temps, surtout dans les bonnes terres, mes Sésames levaient trop épais. Si l'on ajoute que la manière d'enterrer la semence en met une bonne partie dans l'impossibilité de germer, on concevra que la quantité de 10 litres par hectare ne doit pas être dépassée en semant à la volée, et doit être beaucoup moindre, si l'on sème en ligne, au semoir, ou à la bouteille. L'inconvénient d'un Sésame semé trop dru, est que les plantes ne donnent qu'une seule tige, maigre, qui s'élève peu, et ne porte qu'un petit nombre de capsules.

Mode de Sémination.

Le seul connu en Egypte, est la volée, après avoir tiré à l'araire des raies qui divisent le champ en planches de 15 à 20 pieds de large. Le semeur, ayant mis la graine dans un sac attaché sur son épaule gauche, ou dans sa large tunique de laine, serrée à la ceinture par une corde, répand la semence, après l'avoir saisie de l'extrémité des doigts. Dans quelques contrées, on a la précaution d'ajouter le quart du volume de sable, afin de pouvoir semer plus clair et d'une manière plus uniforme.

Ce procédé, le seul qui puisse être employé en Egypte, aussi long-temps que l'étendue des cultures sera hors de proportion avec la main-d'œuvre dont on dispose, ne doit pas être employé en France, parce qu'il rend très-difficiles, ou même impossibles, les cultures d'entretien que l'on peut donner beaucoup mieux qu'en Egypte, et sans lesquelles on ne doit pas espérer des produits qui approchent de ceux qu'on obtient dans ce pays. Néanmoins, si l'on veut semer à la volée, on devra immédiatement après avoir labouré, herser pour rendre le sol parfaitement uni, semer de suite, et recouvrir avec la herse en bois la plus légère. Mais il sera, de tous points, préférable de semer en ligne: pour cela, on tracera au rayonneur, ou de toute autre manière, des lignes distantes de 16 à 18 pouces. On donnera à chacune un pouce et demi environ de profondeur; et l'on répandra dedans la semence, soit au semoir, soit à la bouteille, en ayant soin de mettre de cinq à six graines par pied de longueur.

Manière de recouvrir la Semence.

En Egypte, cette opération se fait avec l'araire ordinaire. Cet instrument qui rappelle l'enfance de l'art, est aujourd'hui ce qu'il était il y a plusieurs milliers d'années; car on le voit gravé sur les ruines des anciens temples, avec sa même forme. Comme il n'a pas de versoir, ni rien qui lui ressemble, il ne fait que refouler la terre dans laquelle il s'implante, laissant après lui un sillon dans lequel retombe une partie de la terre ainsi comprimée. On conçoit que beaucoup de graines doivent être entraînées avec la terre dans le fond du sillon, et se trouver enterrées ainsi à 5 pouces au moins de profondeur. Or la graine de Sésame est trop menue, pour végéter dans une telle position. J'ai recouvert à l'extirpation Dombasle et à la grande herse, dans des terres mal labourées, et j'ai toujours vu la plante naître plus épaisse que lorsqu'on recouvrait à l'araire.

Dans un terrain bien préparé et parfaitement ameubli, tel que devra être celui qui aura reçu le Sésame, une herse en bois, légère, sera toujours suffisante, lorsqu'on aura semé à la volée, et dans le cas où l'on sèmerait en ligne, le rateau en fer, manié par une femme, ou par un enfant, remplira très-bien le but.

Plombage.

Cette opération, que l'on appelle *Tézaïf,* est d'une très-grande importance ; elle s'exécute de la manière suivante :

Le laboureur, monté sur une pièce de bois, ordinairement une portion de tronc de dattier, partagée en deux dans le sens de sa longueur, chasse les bœufs devant lui, et promène ainsi cet instrument portant sur sa face plane. Il parcourt, de cette manière, plusieurs fois le champ, en croisant toujours ses directions. Cette opération se fait le soir, pour la partie recouverte, après les fortes chaleurs ; pour celles qui l'ont été pendant le milieu du jour, on attend au lendemain, afin que la surface, rapidement desséchée la veille par le soleil, aît eu le temps de recouvrer sa fraîcheur par l'humidité de la nuit.

Le plombage ainsi exécuté, a pour objet, 1.º d'écraser le peu de mottes qui pourraient s'être formées ; 2.º de tasser la terre, afin d'empêcher son desséchement trop rapide, et de permettre par là aux grains placés à la surface, de germer, enfin d'obtenir que l'eau des arrosemens ultérieurs coure rapidement à la surface, et s'imbibe uniformément.

3

Si, en France, on semait à la volée, cette opération devrait être employée, mais alors on se servirait du rouleau en bois.

Répiquage.

Ce procédé qui me paraît devoir être employé, surtout dans les localités où l'on peut arroser, présente de grands avantages, que l'expérience a, du reste, confirmés. Ainsi j'ai moi-même repiqué en Egypte une petite étendue de terrain (environ 10 ares), et j'ai obtenu le double du produit que m'avaient donné mes meilleurs Sésames semés à la volée. Dans la jolie propriété que possèdent les MM. Pastré, de Marseille, auprès d'Alexandrie, on a obtenu du même procédé un résultat semblable.

Au premier rang des avantages que présente cette méthode, je mets celui de pouvoir devancer de 15 jours au moins, l'époque des semailles; car on trouvera toujours pour faire le sémis, une petite quantité de terre qui s'échauffe de bonne heure. Je conseillerai moi-même, pour plus de sûreté, d'employer un moyen dont les agriculteurs égyptiens font usage pour obtenir des courges primeures. Il consisterait à faire le sémis en planches de 8 pouces de large, distantes de 10 pouces, et ayant une direction est-ouest. Sur toute la ligne nord de la planche, on enfoncerait en terre des tiges buissonneuses, ayant 1 pied 1/2 à 2 pieds d'élévation; on formerait ainsi de petites haies qui, réfléchissant les rayons du soleil pendant le jour, échaufferaient davantage le sol occupé par le sémis, et arrêtant en partie son rayonnement pendant la nuit, empêcheraient un trop grand abaissement de température pendant les matinées froides.

Un second avantage du répiquage, c'est que la plante végéterait avec plus de force sur une terre neuve; car il est généralement reconnu que la terre sur laquelle se fait le sémis, perd de sa richesse au moins autant que le sol sur lequel la plante a été transplantée. Enfin, on pourrait donner au sol une préparation plus complète.

45 à 50 jours après avoir été ensemencée, la plante ayant acquis

de 5 à 6 pouces de hauteur, devra être transplantée; comme le sol perd beaucoup d'humidité les premiers jours qui suivent un labour, il faudra faire marcher de front la préparation du sol, l'arrachage et le répiquage.

Pour la préparation du sol, dans les terres arrosables, voici le système que j'ai suivi en Égypte, et que je conseillerais d'employer en France. On trace d'abord les rigoles secondaires d'arrosement qui doivent être tracées parallèlement les unes aux autres, laissant entr'elles un espace de 45 à 50 pieds, de manière que le champ se trouve ainsi divisé en planches, suivant la plus grande pente, parallèlement aux rigoles secondaires, et à 1 pied 1/2 de distance de chacune d'elles, on trace des rigoles d'attente ; et de celles-ci dans une direction perpendiculaire à la largeur des bandes des sillons distans de 1 pied et 1/2 environ; ces sillons s'ouvrent par chaque 6 dans la rigole d'attente, qui elle-même communique par une seule ouverture avec la rigole secondaire. Cette disposition employée dans la culture des jardins est telle, que chaque système de 6 lignes se trouve séparé, et reçoit l'eau des deux côtés en même temps; et par là, on peut être assuré que l'arrosement se fait uniformément dans ces 5 lignes, puisqu'elles communiquent entr'elles, et qu'on y emploie la moindre quantité d'eau possible; puisque, arrivant par les deux côtés à la fois, elle parcourt rapidement toute la ligne, sans avoir le temps de s'imbiber.

Ce tracé de rigoles qui paraît assez compliqué, se fait en Égypte de la manière la plus simple; car il est employé par beaucoup de cultivateurs pour la culture du coton. On adapte dans la gorge de l'araire, une pièce de bois ayant les dimensions à donner à la rigole ; et ainsi installé, l'instrument trace des rigoles parfaitement nettes, et ayant la dimension qu'on a donnée à la pièce de bois.

L'arrachage des plantes se fera soit à la bêche, soit à la houe, le repiquage aura lieu immédiatement; et soit qu'on le fasse au plantoir où à la houe, il sera nécessaire de placer la plante en dehors de la rigole, sur le bord de la plate-bande, en ayant soin que le collet de la plante se trouve au-dessus de la ligne que l'eau devra atteindre dans la rigole. Il est inutile de dire que les plants seront placés sur un seul côté de la rigole, et distans d'environ 6 pouces.

Arrosement

Dans l'Ensemencement à la Volée.

En Egypte, on attache une grande importance au tracé des rigoles; il varie suivant les contrées. Là où le sol est parfaitement nivelé, on tire les rigoles secondaires de la rigole principale qui règne toujours sur la partie la plus élevée, vers la partie inférieure du champ. Ces rigoles parallèles entr'elles et distantes d'environ 60 pieds, divisent la terre en larges planches régnant suivant sa plus grande pente. Ensuite on tire des rigoles parallèlement à la rigole principale, et distantes d'environ 50 pieds les unes des autres. Celles-ci coupant les premières à angles droits, la pièce se trouve divisée en rectangles circonscrits par des rigoles. Par ce moyen, on peut distribuer l'eau par chacun des quatre côtés, et l'on n'est pas exposé à la laisser séjourner long-temps sur un même point.

Dans les contrées qui n'ont pas encore été nivelées, on se borne à tracer, dans la direction de la plus grande pente, des sillons parallèles, distans de 2 mètres, qui coupent le sol en planches très-étroites. Cette disposition permet de suivre les sinuosités que présentent les élévations de terres qui séparent des gorges plus ou moins profondes; ces sillons étant faits par un simple trait d'araire non armé de la pièce de bois désignée plus haut, ne sauraient renfermer l'eau qui coule à travers toute la surface, en s'infiltrant dans les sillons.

Il n'est pas de plante dont l'arrosement exige plus de soins que le Sésame. Si l'eau trop abondante séjourne quelque temps à la surface du sol, la plante se flétrit, elle devient jaune, souvent elle meurt, et l'arracheur retrouve sa racine pourrie. Lorsqu'elle ne meurt pas, elle conserve toujours la teinte jaune, ses fleurs restent la plupart à l'état rudimentaire, et lorsqu'on vient à en faire la récolte, on ne trouve sur la tige, que quelques gousses rares, et à peu près vides de graines.

Lorsque l'excès d'humidité n'est pas poussé à un degré aussi élevé, il ne laisse pas de se montrer par d'autres effets; ainsi on trouve souvent à l'époque de la récolte, des plantes sur lesquelles un certain nombre de gousses ont avorté. Les cinq ou six premières paires inférieures étant bien développées, les trois ou quatre paires suivantes manquent: après celles-ci viennent deux ou 3 paires bien formées, suivies de 4 ou 5 paires avortées. Cet effet, que les Fellahs désignent par le mot de *Natet* (il a franchi), est généralement attribué par eux à un excès d'humidité, déterminé soit par un séjour trop prolongé de l'eau, soit par des arrosemens trop rapprochés. En effet, on remarque presque toujours, que les plantes qui offrent ce phénomène, occupent des parties déclives, ou le bord des rigoles.

Un excès d'humidité encore moindre, laisse la plante végéter uniformément, mais il cause un développement des parties ligneuses et folliacées; les capsules très-grosses renferment des graines assez mal nourries (1).

Si l'excès d'humidité produit d'aussi graves inconvéniens, l'excès contraire n'est pas moins dangereux. Ainsi, néglige-t-on de faire arriver l'eau sur quelques parties du terrain, les plantes qui s'y trouvent, au lieu de prendre de la vigueur comme celles qui ont été arrosées, restent stationnaires et deviennent de plus en plus tristes, jusqu'à l'arrosement suivant. Aussitôt que l'eau vient à les atteindre, elles se flétrissent instantanément, beaucoup de ces plantes meurent: et si on les arrache dès le premier jour, on voit que la racine est réduite à un petit tronçon de quelques lignes de longueur, soit qu'elle soit morte par suite de la sécheresse, soit qu'elle aît été coupée par la compression du sol (la première supposition me paraît plus probable). D'autres plantes continuent à végéter, et après avoir été flétries entièrement, reviennent peu à peu à la vie. Si on les examine quelques jours après,

(1) Ces effets nuisibles de l'excès d'humidité sur le Sésame, sont l'origine de ce dicton égyptien:
Le Sésame n'aime pas à voir son ombre dans l'eau.

on voit que du tronçon de la racine poussent dans tous les sens des radicules blancs, qui peu à peu contribuent à rendre à la plante sa vie, mais ne sauraient jamais lui rendre sa fécondité.

Si au lieu de cette privation absolue d'eau, les arrosemens étaient seulement retardés ou incomplets, la plante se développe, mais d'une manière imparfaite; elle est maigre dans toutes ses parties, et maigres surtout sont ses graines, que les acheteurs habiles savent bien distinguer. Ils qualifient le Sésame obtenu dans ces circonstances, en disant qu'il a eu soif, et assurent qu'il produit beaucoup moins d'huile.

Pour éviter ces deux inconvéniens, les Egyptiens apportent un soin très-grand dans l'arrosement du Sésame; ainsi au premier arrosement, ils emploient deux hommes, qui élargissent les rigoles avec leurs mains, après qu'elles ont été imbibées, affermissent leurs parois, et font disparaître tous les obstacles qui pourraient s'opposer au libre cours de l'eau. Ils commencent l'arrosement du champ par sa partie inférieure, pour éviter que l'eau qui s'infiltre toujours sur les côtés des rigoles, ne trouve un terrain déjà arrosé et ne nuise aux plantes. Lorsque l'eau est arrivée sur la planche, ils la dirigent dans tous les sens au moyen de légers relèvemens qu'ils font avec leurs mains.

Enfin pour que l'eau s'imbibe plus vîte, ils ne commencent à arroser que lorsque le soleil échauffe assez fortement, et ils cessent le soir une heure ou une heure et demie avant son coucher.

C'est donc seulement en évitant soigneusement les excès d'humidité et la sécheresse extrême, qu'on peut obtenir de bons résultats.

L'époque à laquelle doivent avoir lieu les divers arrosemens, varie suivant la nature des terrains; mais dans tous les cas, l'intervalle des semailles au premier arrosement, est beaucoup plus grand que celui des arrosages subséquens entr'eux. Dans les terres hautes, sableuses, qui n'ont pas été épuisées par la culture, le Sésame semé de bonne heure peut rester de 60 à 70 jours sans être arrosé, tandis que dans les terres salées des parties basses, lorsque la plante ne lève pas uniformément, ce qui a lieu dans la plupart des cas, on est forcé de donner le premier arrosage peu de temps après l'ensemencement pour faire lever les graines qui ont manqué. On reconnaît que la plante a besoin d'être arrosée aux signes suivans. Sa couleur, au lieu d'être d'un vert jaunâtre devient d'un vert foncé, tirant sur le noir; ses feuilles se flétrissent pendant les fortes chaleurs du jour, et conservent constamment un port triste.

Le premier arrosage une fois donné, il faut les renouveler à de plus courts intervalles. C'est ordinairement de 12 à 15 jours dans les bonnes terres, et de 8 à 10 dans les médiocres. Le nombre d'arrosages que doit recevoir la plante durant toute sa végétation, varie donc suivant la nature du terrain, et aussi suivant l'époque des ensemencemens. Le nombre le plus restreint est six, et il peut aller jusqu'à douze.

De ce que le Sésame ne saurait produire en Egypte sans arrosement, et de ce que ces arrosemens exigent des soins très-minutieux, il ne faudrait pas conclure, qu'il ne serait possible de cultiver le Sésame en France, que dans les terrains arrosables. Je suis persuadé au contraire qu'il réussira très-bien sans être arrosé, dans les terres que j'ai indiquées comme les plus propres à sa culture. Si en Egypte il est nécessaire qu'il soit arrosé, c'est que la chaleur excessive du climat, dessèche le sol au point de ne pas lui laisser la plus légère trace d'humidité; c'est que dans les mois de mai, juin et juillet, l'air ne contient pas la plus petite quantité de vapeur d'eau à l'état libre, que la plante puisse s'approprier. Au lieu que dans nos climats, outre que le sol n'est jamais aussi complètement desséché, l'air contient, à toutes les époques de l'année, de la vapeur d'eau à l'état libre; le sol est souvent humecté par des pluies. L'Asie Mineure, la Grèce, qui cultivent le Sésame ne l'arrosent pas, comme ces pays, et mieux qu'eux nous réussirons à le faire produire, si nous aidons le climat par notre travail. Les façons d'entretien bien faites, le buttage surtout, y contribueront beaucoup.

Façons d'Entretien.

En Egypte, l'ensemencement fini, la plante n'est l'objet d'aucun soin particulier, autre que l'arrosement. Quelquefois, mais rarement, on sarcle les parties qui renferment une trop grande quantité d'herbes nuisibles. Le chiendent et les liserons sont les plus funestes à cette plante. Le mode d'ensemencement ne permet guère de travailler aisément le sol, mais de quelque manière qu'il soit fait, l'obstacle insurmontable, c'est le manque de bras ; car ceux qui existent sont loin de suffire aux travaux des autres cultures, qui ne sont guère sous ce rapport, mieux favorisées que le Sésame. Aujourd'hui tous les travaux de culture en Egypte consistent à semer, et l'on croit avoir tout fait, quand on a jeté la semence en terre.

Pour nous qui possédons assez de bras, et qui comprenons l'indispensable nécessité de donner à la plante des cultures pendant sa végétation, si on veut en obtenir de bons produits, nous ne manquerons pas de le faire dans toutes les circonstances ; ainsi, dans le cas d'ensemencement à la volée, on pourra donner un premier binage, lorsque la plante aura acquis de 5 à 6 pouces d'élévation. Ce binage aura pour objet de travailler la terre autour de la plante, de faire périr les mauvaises herbes qui pourraient avoir poussé, enfin de rendre uniforme la distribution des plantes, en arrachant celles qui seraient trop rapprochées. Dans la culture en lignes, le binage, soit qu'on le fasse à la houe à cheval ou à la main, sera plus facile, et devra être exécuté plus souvent. Il est, du reste, difficile de déterminer le nombre de binages qu'il faudra donner ; les circonstances seules le détermineront.

Dans aucun cas ces façons ne peuvent être nuisibles, et l'on devra toujours en donner le plus possible. Le buttage surtout aura un avantage très-grand, celui de ramener auprès de la plante une plus grande quantité de terre meuble, qui augmentera la fraîcheur du sol, et permettra à la plante de mieux résister à la sécheresse. On devra toujours butter dans la culture en lignes, et dans la culture répiquée et arrosée; on se trouvera bien de butter en deux fois de manière à transposer la rigole, de telle sorte que la plante soit dans le milieu de la plate-bande, au lieu qu'elle était sur le bord de la rigole.

Le Sésame n'a pas d'insecte particulier qui se nourrisse à ses dépens; cependant en 1842, plusieurs localités eurent à souffrir d'une chenille qui s'attaquait à la plante ayant à peine deux pouces de hauteur, et rongeant la racine à son collet la fesait périr sans retour.

Quelquefois aussi les sauterelles viennent ravager les capsules; elles en entament plusieurs sur le même pied, mais comme elles attaquent toujours celles qui sont développées, il n'y a que les graines que leurs mandibules ont atteint qui se dessèchent; les autres mûrissent parfaitement. Aussi le mal qu'elles causent ne serait-il considérable, que dans le cas où elles viendraient en grande quantité, ce qui n'a pas lieu ordinairement.

Maturité.

Lorsque la plante a à peine atteint le tiers de son développement, les premières capsules se montrent, et jusqu'au jour de la récolte, elle présente des fleurs.

De cette circonstance il résulte que le moment propice pour la récolte, ne saurait être basé sur la maturité complète de toutes les graines. En effet, les premières formées sont mûres, lorsque les dernières commencent à peine à se former; et si l'on voulait attendre que celles-ci eussent atteint leur entier développement, la plus grande partie des premières se répandrait sur le sol. Car lorsque la graine a acquis son dernier degré de maturité, la capsule s'ouvre et livre passage à la graine, de la manière suivante: Les parois de la capsule sont très-épaisses dans toute son étendue excepté à son extrémité supérieure, où elle s'amincit en s'applatissant. C'est cette partie qui s'ouvre et livre passage aux graines qui coulent une à une par chacun des quatre canaux, et vident ainsi la capsule. Il faut donc se guider pour la récolte, sur l'époque où le plus grand nombre de capsules sont mûres. Les graines qui n'ont pas acquis leur pleine maturité au moment de la récolte, mais sont entièrement formées, achèvent de se mûrir après ; et il n'y a que celles des sommités, qui n'étant encore que peu développées, se dessèchent, et sont séparées par le vannage en pellicules brunâtres.

L'expérience a démontré, que c'est lorsque les grains des six premières paires inférieures sont jaunes, qu'il convient de commencer la récolte ; car si l'on retarde deux jours de plus seulement, on peut être assuré de voir les premières paires se vider. Si l'on devance au contraire ce point, on aura une grande quantité de graines vides au vannage. Pour peu qu'une plante ait souffert, elle se dessèche avant les autres, et l'on est souvent obligé de faire la récolte en plusieurs fois, pour ne pas s'exposer à perdre une quantité notable de graine.

Ces principes qui devront servir de base en France, pourront cependant être modifiés. Car le soleil étant ici beaucoup moins chaud qu'il ne l'est en Egypte, les capsules devront s'ouvrir plus tard, et par conséquent on pourra retarder un peu plus la récolte. Pour trouver le moment propice, il suffira d'observer attentivement, et c'est lorsqu'on verra les premiers indices que les capsules vont s'ouvrir, qu'il conviendra de faire la récolte. C'est ordinairement en Egypte, dans la première moitié du mois d'octobre qu'elle a lieu.

Récolte.

Jusqu'à ces dernières années, la récolte s'était toujours faite par l'arrachage des plantes à la main ; mais depuis que la culture a pris une si grande extension, les bras ne sont pas suffisans pour ce travail, et l'on a dû employer la faucille avec laquelle on coupe le plus près de terre possible. Cette méthode se recommande par plusieurs avantages : d'abord elle économise plus de la moitié de la main-d'œuvre, car trois hommes coupent un feddan (42 ares), qui en exigerait sept pour l'arrachage. On peut de plus employer

les femmes, ce qu'on ne pouvait pas par l'arrachage qui était au-
dessus de leurs forces. Cette méthode a encore l'avantage de diminuer de beaucoup le poids, et dans un pays où les transports se
font en majeure partie à dos de chameau, cet avantage acquiert
une grande importance. Enfin elle permet d'obtenir le Sésame
plus net et exempt de la quantité de terre que les racines en-
traînent nécessairement avec elles.

S'il faut en croire les cultivateurs égyptiens, ces avantages seraient annihilés par un grave inconvénient, c'est que les graines
incomplètement formées cessent de se nourrir lorsque la plante
est coupée, tandis qu'elles continuent à se nourrir, en absorbant
les sucs qu'elle renferme, lorsqu'elle a été arrachée.

Cette assertion leur est plutôt suggérée par la répulsion qu'ils
éprouvent pour toute espèce d'innovation, qu'elle n'est le résultat
d'observations qu'ils ne se donnent guère la peine de faire. Cependant je ne serais pas éloigné de croire, qu'elle ait quelque fonde-
ment, car je crois avoir remarqué que les plantes coupées sèchent
plus rapidement que celles qui ont été arrachées. Au reste, l'expérience, que des occupations trop étendues, et le manque d'aides
intelligens m'a empêché de faire, pourra être facilement accom-
plie en France.

Transport,

Il est urgent de transporter la plante sur le lieu disposé pour le
battage, le lendemain du jour où elle a été récoltée; un séjour plus
long pourrait laisser la capsule s'ouvrir, et faire perdre ainsi une
partie de la graine. Les cultivateurs égyptiens en sont si bien
convaincus, qu'ils basent toujours leur récolte sur leurs moyens
de transport, préférant avec raison, si la plante doit rester sur le
champ plus long-temps qu'elle ne le devrait, quelle soit debout sur
ses racines, qui lui conservent de la fraîcheur, que si elle était
coupée et se desséchait sur le sol.

De l'Aire.

Le choix du lieu qui convient pour entreposer le Sésame jusqu'à l'époque du battage, est fort important. Le cultivateur égyptien se borne à choisir la partie la mieux appropriée de l'aire qui sert pour toutes les autres récoltes, et il y dépose le Sésame ; or comme ces aires ne reçoivent aucun soin particulier, et qu'on les établit sur le premier endroit venu , quelquefois dans les champs, il en résulte un grand nombre d'inconvéniens. Si le sol est pulvérulent, le Sésame se perd dans le sable , ou la pluie qui , dans les régions inférieures est assez fréquente à cette époque de l'année, en tassant le sable, fait disparaître la plupart des graines qui sont mêlées avec lui.

Si le sol est trop gras, il se fendille par la chaleur, et l'on perd toute la graine qui tombe dans les crevasses ; la pluie colle toutes les graines qui touchent au sol, de telle sorte qu'il est presque impossible de les arracher.

La manière de disposer le Sésame sur le sol diffère suivant les contrées ; ainsi dans la Basse-Égypte, après avoir recouvert le sol d'une légère couche de paille très-menue, on fait une première ligne de faisceaux de plantes , placés horizontalement, et se chevauchant les uns les autres, de manière à conserver le plus possible leurs sommités élevées. Sur cette première ligne on étale transversalement d'autres faisceaux, en ayant soin que la partie des tiges qui porte les capsules, reçoive le soleil le plus possible. Sur cette seconde couche, on place une troisième ligne, horizontale comme la première ; on la recouvre d'une quatrième semblable à la seconde, et ainsi de suite on fait un étendage qui couvre entièrement le sol, et dans lequel les plantes sont les unes horizontales, les autres légèrement élevées.

Dans le voisinage du Caire, au contraire, on rassemble les tiges en faisceaux distincts, que l'on place par groupes de cinq ou six, debout sur leur base, opposés les uns aux autres, et se touchant seulement par leurs sommités, de manière à permettre la libre circulation de l'air, entr'eux.

L'incurie que met l'agriculteur égyptien dans le choix du sol où il entrepose ses plantes, est souvent cause de pertes considérables, comme nous le verrons plus bas. Or les circonstances étant bien moins favorables en France, on devrait s'attendre, en suivant le même système, à en éprouver de bien plus grandes encore. Dans les modifications qu'on y apportera, on ne perdra pas de vue, qu'on ne doit pas espérer que les plantes soient assez desséchées pour opérer le battage avant quinze jours ; or, à l'époque où se fera la récolte, vers le milieu ou la fin du mois de septembre, le temps est très-variable, et l'on a souvent de fortes pluies. Il faudra donc, pour éviter les fâcheux effets d'une trop grande humidité, préparer le sol de manière à ce qu'il en conserve le moins possible ; le pavage serait peut-être nécessaire pour cela, il permettrait de placer les plantes dans les meilleures conditions de desséchement. La méthode d'étalage, employée dans les environs du Caire, pourrait peut-être remplir le but. Dans le cas contraire, on pourrait essayer de placer les plantes sur un système de claies, ou les suspendre. Je considère le desséchement de la plante, comme la partie la plus difficile de la culture du Sésame en France ; mais je suis persuadé qu'on parviendra à surmonter cet obstacle.

Battage.

Cette opération s'exécute en Egypte de la manière suivante.

Lorsque l'humidité de la nuit a disparu, un homme prend un faisceau de plantes avec précaution, ayant soin de les tenir redressées, pour empêcher les graines de tomber. Il se rend sur la partie de l'aire où doit se faire le battage, laquelle a été nettoyée exprès, ou même recouverte d'une natte. Là, tenant les tiges sous le bras, leur sommité tournée vers le sol, il frappe dessus à petits coups, avec un petit baton, de manière à faire tomber la graine. Lorsque l'opération est finie, il replace les tiges debout dans une autre partie de l'aire. Le soir, il se trouve avoir formé un monceau de graine mêlée à des débris de tiges,

de feuilles ; à des capsules, les unes brisées et vides, les autres
renfermant tout ou partie seulement de leurs graines. Le vannage d'abord, puis le criblage, séparent toutes ces parties, de
la graine qui reste seule ; les capsules sont mises séparément.

Le premier battage donne la plus belle graine ; c'est le Sésame
qu'on appelle *Bekré,* qui veut dire Vierge. La proportion qu'il
produit varie suivant plusieurs circonstances ; néanmoins, on
l'estime en moyenne, aux deux tiers de la quantité totale ; l'autre
tiers s'obtient par deux autres battages, que l'on exécute plus
tard, à quelques jours d'intervalle. On compte généralement
qu'un homme retire un hectolitre de graine par jour, au premier
battage ; pour les deux autres, la quantité ne saurait être déterminée.

Les capsules tombées dans les différens battages sont réunies
en tas, afin d'en extraire la graine qu'elles contiennent, quelquefois en quantité considérable. Cette opération se fait au
moyen du *Noreg,* machine à battre, ordinaire, que l'on promène
sur les capsules préalablement étalées en cercle. Toutes les capsules sont brisées par ce moyen, et abandonnent leurs graines
qu'on en retire comme nous l'avons dit plus haut.

Ce mode de battage, défectueux sous plusieurs rapports, offre
un inconvénient majeur, c'est de durer trop long-temps. Ainsi,
par ce système, il n'est pas rare que le Sésame reste sur le sol
un mois et demi à deux mois, avant d'être entièrement mis en
magasin. Comme on doit beaucoup tenir, en France, à faire
disparaître cette longueur, qui pourrait être très-préjudiciable à
cause des pluies, on devra battre à fond au premier battage. On
aura, il est vrai, beaucoup plus de capsules et de sommités
brisées ; mais il sera plus facile de les faire dessécher, et de les
dépouiller de toute leur graine au fléau.

Plusieurs causes peuvent nuire au Sésame, pendant qu'il est
sur l'aire : ainsi la pluie, lorsqu'il arrive qu'elle est abondante,
cause des pertes assez considérables, car le sol devenant boueux,
en marchant dessus pour aérer les tiges mouillées, on enfonce
une certaine quantité de graines dans la terre, d'où il est impossible de les retirer après. Si, craignant cette perte, on néglige

de le faire aérer, on s'expose à avoir des graines pourries. Mais ces inconvéniens disparaîtront en France, arec les aires bien appropriées, surtout si elles sont pavées.

Les souris et les rats font encore de grands dégâts sur l'aire. Ces animaux qui, à cette époque, ne trouvent plus de graines dans les champs, et qui paraissent du reste très-friands de cette graine, se réunissent de toutes parts dans le Sésame; et là, cachés par les tiges, ils font leurs nids, et causent de grands dégâts. Lorsqu'on exécute le battage, on en trouve des quantités innombrables, de tout âge, de toute grosseur, mais tous ayant acquis un embonpoint extrême, aux dépens de la graine.

Cette cause de perte sera facile à faire disparaître d'une aire bien tenue.

L'emmagasinage de la graine n'exige pas des soins particuliers. Il faut seulement observer que si la graine a été mouillée, elle ne conserve pas la plus légère trace d'humidité, sans quoi elle s'échaufferait rapidement.

Produit de la Culture du Sésame,

EN ÉGYPTE.

Ce produit varie considérablement, selon qu'il est cultivé par l'habitant pour son propre compte, ou selon qu'il est cultivé pour le compte du vice-roi, ou de ses grands personnages, l'Egyptien travaillant à la journée. J'ai déjà énoncé plus haut cette différence. Ici, au lieu de prendre pour base de mes comptes, les extrêmes, je présenterai le compte de ma propre culture, lorsque j'exploitais un seul village, où j'étais à peu près indépendant. Ma culture comprenant environ huit hectares, mon compte s'est établi ainsi qu'il suit:

Loyer des terres, à 58 piastres par année, et par feddan,
pour une 1|2 année, et pour un hectare, . 18 fr. » c.
Semence, 10 litres à 110 piastres, l'ardep, ou 15 f.
l'hectolitre, ... 1 fr. 50 c.
Labour pour recouvrir, plombage et tracé des sillons 6 fr. 25 c.

Arrosages et soins divers, ... , . . 3 fr. 15 c.

Récolte à la faucille, ... , ... 2 fr. 50 c.

Transport, ... 6 fr. 87 c.

Battage et criblage , ... 3 fr. 75 c.

TOTAL 42 fr. 02 c.

Produit à 3 ardeps par feddan, ou 13 h. par hectare 198 fr. » c.

A déduire pour les frais, ... 42 fr. » c.

Reste de bénéfice, . . 156 fr. » c.

Ce compte est établi pour un terrain arrosé par inondation. Si on élevait l'eau au moyen des machines actuelles, il faudrait ajouter aux dépenses 29 francs, qui sont le prix de trois arrosages d'un hectare, à raison de 12 piastres par feddan, chaque arrosage; mais on aurait aussi certainement à ajouter au produit, une somme au moins égale, car les terres hautes donnent toujours de plus belles récoltes, ce que les cultivateurs expriment en disant que l'abondance est dans l'ongle du bœuf employé à tourner la machine hydraulique.

On pourra être étonné d'un bénéfice aussi considérable, puisqu'il s'élève à près de 400 pour 100 de la dépense ; mais l'on concevra qu'il doit en être ainsi, lorsqu'on réfléchira que la terre n'a pas de prix, que l'ouvrier, homme fait, gagne 25 centimes par jour, qu'il n'en coûte que 30 à 35 centimes pour la nourriture d'un bœuf, par jour, lequel peut travailler toute l'année, sans perdre une seule journée; car il n'y a là, ni pluies trop fortes, ni gelées qui forcent à laisser les bestiaux à l'étable. Aussi, loin qu'il y ait rien à ajouter à la dépense, il faudrait peut-être en retrancher, car on paye toujours les ouvriers en denrées, sur lesquelles on gagne 15 à 20 pour 100, tandis que j'ai compté leur paye intégralement.

Qu'on ne croie pas non plus que le produit soit extraordinaire : ce que j'ai obtenu, beaucoup d'autres l'obtiennent; et les habitans, lorsqu'ils exploitaient pour leur compte, obtenaient bien plus et à meilleur marché.

Avec un semblable concours de circonstances avantageuses, il semble qu'il n'est pas de pays au monde qui puisse soutenir la concurrence avec l'Egypte. Il en serait ainsi, en effet, si ce pays était bien administré, et qu'il jouît de la prospérité que sa position, unique au monde, lui permettrait d'acquérir. Mais dans l'état actuel, sa concurrence n'est pas à craindre, car avec des frais de culture égaux, ou même supérieurs à ceux qui figurent dans le compte ci-dessus, les grands dignitaires qui exploitent aujourd'hui, n'obtiennent que des produits beaucoup moindres. Ainsi, le vice-roi qui exploite pour son propre compte, ou celui des divers membres de sa famille, plus de 100,000 hectares de terre, n'obtient de ses villages, qu'un 1/2 ardep par feddan, soit 2 hectolitres 51 litres par hectare. Cette quantité représentant une valeur de 54 francs 65 centimes, le compte de son Sésame se balance en perte de 7 francs 57 centimes : aussi compte-il par millions, les pertes que lui font éprouver ses domaines, *Chyflics* (1). Son Altesse Ibrahim-Pacha qui, après le vice-roi, est celui de la famille qui exploite la plus grande étendue de terres, a d'abord obtenu de beaux produits, et ses villages lui donnaient des bénéfices considérables ; mais comme il voulait toujours obtenir davantage, ses terres, épuisées, ont donné tous les jours de moins en moins. Il a étendu ses cultures pour réparer ces pertes, mais il est arrivé au point que ni ses capitaux, ni son activité administrative, n'ont pu suffire à une aussi colossale exploitation ; les produits ont diminné de plus en plus, et il s'est trouvé en perte.

Saïd-Pacha a éprouvé la même chose : il a gagné, les deux premières années, et depuis il ne fait que perdre. Cela est si vrai, que l'exploitation des villages, qui était regardée par la plupart des Turcs, comme une entreprise lucrative, et qu'ils recherchaient ; est devenue aujourd'hui l'objet de la plus grande répugnance, au point que j'ai appris qu'un personnage distingué du pays, Kani-Bey, avait préféré se voir dépouiller de son grade, que d'accepter des villages que le vice-roi voulait lui donner à exploiter.

En deux mots on peut concevoir la situation actuelle de l'Egypte.

_____

(1) Cette perte a été évaluée à 6,750,000 francs, en 1845.

Les Turcs ayant pressuré les habitans au point de ne pas leur laisser de quoi exploiter leurs terres, ont été obligés de les exploiter eux-mêmes. Aujourd'hui ils font pour le sol, ce qu'ils ont fait pour les habitans : ils veulent en retirer le plus de produit possible, dans le plus bref délai, sans s'inquiéter s'ils l'épuisent ou non.

Quant aux habitans, dépossédés et obligés de travailler dans les champs de leurs pères, comme de simples manouvriers, ils ne supportent pas cet état de la même manière ; les uns abandonnent leur pays, et émigrent ; les autres restent à leur poste, et s'efforcent de nuire à ceux qui les ont dépossédés, en travaillant le moins possible, le plus mal possible, et en gaspillant les produits.

Avec un antagonisme semblable, on n'a pas à craindre la concurrence de l'Egypte. Ajoutons à cela, que l'épizootie qui lui a enlevé les 95/100 de ses bestiaux, a mis les Turcs dans l'impossibilité d'exploiter ; car ces quelques animaux qu'ils font venir de l'Asie-Mineure, ou de Trieste, et qui meurent presque en touchant le sol égyptien, ne sauraient suppléer les centaines de mille bœufs qui ont été enlevés. Aussi en sont-ils réduits à l'exploitation des parties basses, qui déjà épuisées, ne produisent que de minces récoltes.

L'indigo avait disparu ; le coton, les céréales, et tous les produits en général, avaient diminué considérablement avant l'épizootie. Le Sésame seul était allé en augmentant, mais ce produit aussi atteignit son apogée, en 1843, et la diminution qui commença en 1844, continue depuis d'une manière constante.

Si l'on exécute le barrage du Nil, qui est devenu d'une nécessité indispensable, la quantité de Sésame augmentera dans une proportion énorme ; il se soutiendra ainsi un petit nombre d'années, après lesquelles il recommencera sa progression descendante, pour la continuer jusqu'à ce que le pays aît changé d'administration.

Mais je m'aperçois que je me suis laissé aller à une digression qui, quoique rentrant dans mon sujet, sera mieux à sa place dans un autre mémoire. Je m'arrête, croyant avoir assez fait connaître la position de l'agriculture en Egypte, pour pouvoir dire à l'habitant du Midi de la France : Cultivons le Sésame, l'Egypte ne nous fera pas une concurrence redoutable, tant qu'elle sera administrée comme elle l'est ; et quelle que soit son administration future, l'ignorance et l'apathie de ses habitans lui feront toujours perdre une partie des avantages que la nature lui a donné avec tant de prodigalité.

Quant à l'Anatolie et aux autres contrées du Levant, qui livrent au commerce certaines quantités de Sésame, quoique je n'aie jamais habité ces pays là, on peut juger, à priori, que leur concurrence ne sera guère plus redoutable ; car comme il est parfaitement connu de tout le monde, qu'elles sont administrées sous l'empire de la seule volonté individuelle, et que les dépositaires de l'autorité, gens n'ayant aucune idée de justice, achètent leurs charges, il en résulte, que leur rapacité étant en quelque sorte légitimée, ils doivent toujours prendre plus de ceux qui possèdent davantage, et partant toute tentative de grande production est anéantie : car dans les pays où les richesses exposent à toute espèce de vexations ; le pauvre ne saurait désirer d'acquérir les trésors du riche, qu'il voit forcé, pour vivre tranquillement, de s'imposer les privations de la misère.

Emploi des Produits,

En Egypte, où l'on a peu de combustible, les tiges de Sésame sont utilisées, et j'aurais pu ajouter 5 francs au produit. Si j'ai négligé de le faire, c'est que les moyens de transport étant très-imparfaits, il est difficile d'en trouver le débouché.

La graine est exportée pour la plus grande partie ; une faible portion seulement est consommée dans le pays. On la mange en nature ; on en parsème la surface de certain pain de luxe que l'on mange dans les villes ; les Cophtes et les Juifs surtout le mangent sous toutes les formes ; les Musulmans attribuent même à cette cause, le teinte pâle-jaunâtre de la peau, chez ces derniers. En y ajoutant de la mélasse, on en fait une espèce de douceur à laquelle on donne son nom. Enfin, la plus grande partie est employée à l'extraction de l'huile.

Je ne crois pas devoir décrire ici, le système imparfait d'extraction qui est employé ; il me suffira de faire connaître les résultats principaux. L'atelier à extraire l'huile de Sésame travaille en moyenne par jour, 189 litres de graine, pesant à raison de 92 kilos par hectolitre, 170 kilos 20 g. Cette quantité rend, lorsque la graine est de bonne qualité, 120 rotl., ou 51 kilos 84 g., qui représentent 35/100 pour 100. Cette huile est blanchâtre, mucilagineuse, et contient un principe âcre, qu'on lui fait perdre dans l'usage domestique, de la manière suivante :

Lorsque l'huile est en pleine ébullition dans l'ustensile qui va servir à préparer les alimens, on jette dedans un filet d'eau. Il se dégage instantanément une vapeur dense formée par l'eau. Cette vapeur entraîne avec elle le principe âcre, et l'huile ayant subi cette opération, n'en conserve aucune trace.

Le nombre des ateliers n'est pas très-grand ; il a beaucoup diminué, et il diminue tous les jours, d'abord parce que le Gouvernement fait supporter à chacun d'eux, un impôt de 8,000 piastres (plus de 2,000 francs par an), et ensuite parce que la consommation de cette huile est bornée aux gens aisés qui, en Egypte plus que partout ailleurs, sont en petit nombre.

Cette huile vaut, en effet, de 40 à 50 centimes la livre de 452 grammes ; au lieu que l'huile de lin, qui ne coûte guère que de 30 à 40 centimes, a, outre l'avantage d'être à un prix très-bas, celui non moins précieux pour les *Fellahs*, d'avoir un goût âcre très-prononcé (on l'appelle *Zeit-har*, huile chaude). Ce goût est en partie dû à la graine de moutarde que contient le lin, cette graine renfermant une forte proportion d'huile, les acheteurs se donnent bien de garde d'en faire le triage : aussi une petite quantité de cette huile fait reconnaître sa présence dans un mets très-abondant ; ce qui la fait préférer par le grand nombre des habitans des villages. Aussi, dans les sept villages qui composaient les domaines dont j'avais la direction, se trouvaient deux marchands d'huile qui vendaient par semaine, environ 10 livres d'huile de Sésame et 50 livres d'huile de lin. On conçoit

qu'une consommation pareille ne peut pas faire multiplier beaucoup les ateliers d'extraction.

Le tourteau connu sous le nom de *Cousbé*, est mangé en
partie par les hommes, et en partie pas les animaux. Les hommes
le mangent sans aucune préparation, avec leur pain comme ils
mangeraient du fromage. Celui que consomment les animaux,
est donné principalement aux vaches et aux buffles laitières,
dont il augmente beaucoup la quantité et la qualité du lait,
surtout en été, lorsqu'on n'a pas de nourriture verte à leur
donner.

Tels sont les détails que j'avais à faire connaître sur la culture
du Sésame. Je les crois suffisans pour donner une idée de la richesse de cette culture, et pour éclairer dans les tentatives à
faire pour son introduction dans le Midi de la France.

Le Ministère de la guerre vient de faire distribuer aux Membres
de la Chambre des Députés, un état sur la situation actuelle
de l'Algérie. Dans cet état se trouvent des détails assez étendus
sur les essais de culture et de naturalisation de plantes étrangères, faits à la pépinière centrale. Il résulte de ces détails,
que le coton, le riz, le tabac, ont réussi parfaitement; que
l'indigo et la canne à sucre font espérer une réussite probable;
mais pour le Sésame, il est dit que les essais tentés à la pépinière centrale ont été couronnés d'un succès complet, et que ce
végétal paraît devoir se placer au rang des principales cultures
de l'Algérie.

Voici le compte de cette culture, tel qu'il est établi pour un
hectare.

Produit : 1,475 kilogrammes, à 50 fr. les 100 k. 737 fr. 50 c.

A déduire, pour frais de culture, ... 259 fr. » c.

Reste de produit, net. . . . . 478 fr. 50 c.

Un compte qui s'établit ainsi n'a pas besoin de commentaire;
mais il fait regretter bien vivement que la colonisation n'aît pas
fait, jusqu'à ce jour, de plus grands progrès.

Qu'on me permette d'exposer ici, quelques idées sur un mode

de colonisation qui me paraît le seul propre à nous rendre défi-
nitivement maîtres de notre conquête.

Jusqu'à présent, le Gouvernement s'est principalement occupé
de l'administration des populations indigènes de l'Algérie.

La plupart des publications qui ont eu lieu sur cette contrée,
traitent le même sujet ; et aujourd'hui encore, presque toutes
les discussions roulent sur le point de savoir si la colonie doit
être administrée militairement, ou civilement.

Que l'on cherche à administrer les populations de la manière
la plus convenable, c'est assurément un point d'une haute importance. Je n'entrerai pas dans la discussion soulevée par tant
de personnes ; je me bornerai à dire, qu'il est nécessaire que
notre administration, quelle que soit la forme qu'on lui donne,
soit juste et forte ; que nous devons, le moins possible, rendre
dépositaires de notre autorité, des hommes pris dans ces populations, persuadés qu'ils en abuseraient, en molestant leurs
subordonnés, et qu'ils chercheraient à tourner contre nous,
l'influence que cette autorité leur aurait permis d'acquérir.

Mais quelque bien administrée que soit la colonie, on ne
saurait se dissimuler que son exploitation par les seules populations indigènes, est un projet irréalisable. Car, en l'adoptant,
on ne pourrait pas réduire de beaucoup le chiffre des dépenses ;
les revenus n'arriveraient jamais à en couvrir une partie im-
portante : or une conquête qui imposerait à la France d'aussi
grands sacrifices, sans compensation prochaine, devrait être
abandonnée. De plus, avec ce système, à la première guerre
que nous aurions à soutenir en Europe, nous courrions grand
risque de nous voir expulser du pays.

Une expérience de quinze années, et l'opinion des hommes
les plus à même de bien connaître ces populations, doivent avoir
déterminé dans les esprits cette conviction : qu'entre ces populations et nous, il n'y a de lien possible que la force ; qu'aussitôt
qu'il faiblira, elles se lèveront comme un seul homme, pour
secouer notre joug toujours trop pesant pour elles ; et qu'enfin,
aussi long-temps que ces indigènes existeront en populations

distinctes sous l'influence de leur religion, ils ne sauraient cesser d'être nos ennemis.

Ce point étant établi, il en découle comme conséquence, qu'il n'y a qu'un seul moyen de nous rendre possesseurs tranquilles de notre conquête, c'est de fondre ses populations, dans une population européenne, trois ou quatre fois plus nombreuse, qui par son contact, leur fera connaître des besoins nouveaux, les obligera à travailler pour les satisfaire, et par là les attachera au sol. Alors, ils ne seront plus seulement musulmans ; ils seront propriétaires algériens, ils seront français.

Le système de colonisation adopté par le Gouvernement, est-il propre à nous faire atteindre ce but? Le peu de résultats qu'il a obtenus jusqu'à aujourd'hui, doit déjà nous faire préjuger le contraire : mais examinons-le plus attentivement.

Ce système consiste principalement à construire de petits villages, centres agricoles, composés de maisons réunissant tout ce qui est nécessaire à l'exploitation de 15 hectares de terre qui sont affectés à chacune d'elles ; on va même jusqu'à faire les premiers travaux de défrichement, et après on livre ces petites propriétés aux colons, à des prix de beaucoup inférieurs à ceux que leur installation a coûté. Or je dis que ce système est pour le Gouvernement le plus dispendieux, et pour le colon le moins avantageux.

Il est en effet hors de doute, qu'une étendue de terrain étant donnée à exploiter, on y arrivera avec moins de dépense, en employant l'exploitation en grand, qu'en le morcelant et en y introduisant la petite culture ; que par exemple, il en coûtera moins pour installer parfaitement une ferme de 500 hectares, que pour l'installation de trente-trois fermes de 15 hectares chaque.

L'agriculture, que l'on ne considère pas assez comme une fabrication, n'est réellement pas autre chose. Or qui ne sait que pour fabriquer une quantité donnée de produits, de quelque nature qu'on les suppose, il est moins dispendieux de concentrer les moyens, et d'agir en masse, que de les diviser, et de multiplier les fabrications.

Si notre industrie manufacturière a fait des progrès pendant les dernières années, c'est à l'application de ce principe qu'il faut principalement les attribuer; et c'est aussi à ce principe, mieux compris et plus largement appliqué en Angleterre, que l'industrie manufacturière et l'agriculture de cette nation, doivent leur supériorité.

Ainsi, pour le Gouvernement, le mode employé est plus dispendieux; mais pour le colon qui jouit du bénéfice d'une partie de ces dépenses, la position est-elle plus avantageuse? Non, sans doute; car de tous les modes d'exploitation, la petite culture est celui qui exige comparativement le plus de main-d'œuvre: elle oblige le cultivateur à s'occuper à la fois de plusieurs travaux, lui fait perdre par là beaucoup de temps, et ne lui permet pas d'exécuter chacun d'eux avec la même perfection. Si ceci est vrai pour toutes les positions en général, à plus forte raison ce doit-il être vrai pour l'Algérie, car là se trouve un terrain inculte qu'il faut remuer avec force. Que pourra pour cela, le travailleur isolé, avec les faibles moyens dont il dispose? Il perdra un temps infini à faire ce qu'on aurait pu exécuter avec beaucoup moins de frais, en se servant de moyens puissans que la grande culture seule peut employer. A conditions égales, nulle part, et moins encore en Algérie qu'ailleurs, la petite culture ne produira à aussi bon marché que la grande; or le prix de revient des produits est la pierre de touche de la bonté de la fabrication.

On m'objectera sans doute, qu'en France, les contrées les plus florissantes sont celles où la petite culture est en vigueur; mais il est aisé de voir, que si la petite culture l'emporte sur la grande, dans certaines contrées, c'est que là cette dernière est placée dans des conditions inférieures. Ainsi les grandes propriétés livrées à des fermiers qui n'ont, pour la plupart, ni les capitaux, ni les connaissances nécessaires pour les exploiter, et qui lors même qu'ils réuniraient ces conditions, n'en feraient pas usage, à cause du peu de durée de leur bail, sont loin d'être aussi favorablement placées que les petites propriétés qui emploient, par le travail du propriétaire et celui de sa famille, et par ses instrumens et les constructions qui servent à l'exploitation, un capital relativement plus grand que celui qui est employé à la grande propriété. Si donc la petite culture est florissante, c'est uniquement parce que la grande culture est négligée; car du jour où des hommes capables, et pouvant disposer de capitaux suffisans, seraient placés à la tête de la grande culture, on verrait se produire un mouvement inverse à celui qui a lieu aujourd'hui; et loin que la petite culture morcellât la grande propriété, et l'envahît, ce serait au contraire la grande culture qui absorberait la petite propriété.

Je n'examinerai pas s'il serait plus avantageux que la grande culture dominât en France, au lieu de la petite (la division de la propriété me semble unie aux idées démocratiques par des liens trop étroits, pour qu'on puisse jamais les séparer); mais pour l'Algérie, la petite culture perd tous les avantages qu'elle peut offrir en France : là en effet la main-d'œuvre doit être économisée, puisqu'elle est rare; et elle en emploie beaucoup.

Les obstacles à vaincre pour la mise en culture sont très-grands, et elle ne possède pour les surmonter, que de faibles moyens : aussi est-ce par la grande culture seule, qu'on parviendra à produire à bon marché : or c'est là en définitive la condition, *sine quâ non*, de toute culture dans le pays.

Ainsi considéré sous le rapport industriel, le mode de colonisation employé est défectueux. Examinons s'il est plus propre à attirer des colons.

Je suppose d'abord qu'on veut peupler l'Algérie, sinon exclusivement, du moins en majeure partie de colons français. Quels sont les cultivateurs qui devront principalement s'y transporter? ce seront ceux qui possèdent en France quelque propriété, une maison, un coin de terre, puisqu'ils doivent payer une certaine somme au Gouvernement, et qu'il leur faudra vivre, eux et leur famille, jusqu'à ce qu'ils aient obtenu des produits. Or en France, où à cause de l'extension donnée à la petite culture, la main-d'œuvre est recherchée, le cultivateur qui possède quelque petite propriété; par son produit, joint au fruit de son travail, vit sinon dans l'aisance, au moins à l'abri du besoin. Si l'on considère de plus, que moins on possède, plus on craint de perdre ce que l'on a, on concevra facilement que ces agriculteurs se déterminent avec peine à se défaire de leur patrimoine, pour aller acquérir une propriété, même beaucoup plus considérable, dans une contrée où il existe des chances de la perdre. Admettons cependant qu'un certain nombre se déterminent à s'y rendre, ils se trouveront placés au milieu d'une population ennemie, de laquelle ils ne doivent espérer aucun secours : qu'un malheur imprévu vienne les priver de leur produit, quelle ressource auront-ils pour pourvoir à leur subsistance et à celle de leur famille? Comme ils n'auront pas même celle de travailler pour autrui, car là chacun travaille son champ, et éprouve les mêmes besoins que son voisin.

Ainsi ils auront à craindre de perdre leur propriété, par un de ces accidens que des précédens nombreux doivent leur faire regarder comme possibles, et ils seront dans l'impossibilité de parer à un de ces malheurs si communs en agriculture. On conçoit dès lors que le système actuel ne trouve pas de nombreux colons dans cette classe d'agriculteurs.

Si l'on considère cependant l'émigration immense qui a lieu des contrées du nord de l'Allemagne vers l'Amérique, il semblerait que le cultivateur français devrait bien plutôt se transporter en Algérie, que l'Allemand aux États-Unis. Mais en examinant de plus près, on trouve les causes de cette anomalie apparente. D'abord, l'Allemand qui possède une petite propriété ne trouve pas à employer utilement au-dehors, le travail dont son exploitation lui permet de disposer. La grande propriété domine dans ces contrées, et par conséquent la main-d'œuvre y est beaucoup moins recherchée. En second lieu, il se rend dans un pays qui lui offre toute sûreté ; car elle est garantie par l'expérience d'un grand nombre d'années. Enfin il se trouve dans sa nouvelle patrie, au milieu de compatriotes qui, ayant émigré depuis plusieurs années, ont acquis de l'aisance, et pourraient venir à son secours, s'il éprouvait quelques revers. Lorsque 200,000 ou 500,000 familles se seront établies en Algérie, on sera peut-être obligé de modérer l'émigration ; mais par le système employé, il me paraît impossible d'obtenir ce résultat.

Puisque les cultivateurs qui possèdent ne sauraient se déterminer à changer leur patrimoine, contre une propriété plus vaste, mais moins sûre, c'est dans la classe des ouvriers cultivateurs, ne possédant rien ou presque rien, qu'il faudra recruter des colons. Qu'ils soient assurés de trouver en Algérie, un travail continu, un salaire au moins égal à ce qu'ils reçoivent en France, et par-dessus tout qu'ils aient la perspective d'acquérir de la propriété, après quelques années de travail, et on les verra affluer dans la colonie.

Que faudra-t-il trouver encore, pour compléter l'exploitation ? D'abord des hommes capables de faire fructifier le travail de ces ouvriers, en lui donnant une bonne direction ; enfin des capitaux sans lesquels tout le reste est inutile.

Quoique les connaissances agricoles soient peu répandues en France, il n'est pas permis de douter qu'on y trouve un nombre suffisant d'hommes capables de diriger une grande exploitation. L'appât d'une fortune assurée les fera d'ailleurs surgir ; reste à trouver les capitaux. Or pour que ceux qui les possèdent, consentent à les employer dans de semblables entreprises, deux conditions sont indispensables : la première, qu'ils soient à l'abri de perdre leurs fonds ; en second lieu, qu'ils ayent la perspective de réaliser des bénéfices raisonnables. Sous le premier rapport, les révoltes incessantes des Arabes doivent leur inspirer de vives craintes, et les détourner de livrer leurs capitaux ; et sous le second, l'industrie agricole est si peu connue par eux, et j'ajouterai même, est tellement discréditée dans leur esprit, qu'ils préféreraient placer leurs capitaux dans une industrie quelconque, plutôt que de les livrer à l'agriculture.

De ces considérations, il résulte que les capitalistes n'aventureront pas de capitaux, et cependant sans capitaux rien n'est possible.

C'est donc à l'Etat à entrer le premier dans la voie, à leur montrer qu'ils peuvent réaliser des bénéfices, et que leurs capitaux sont en parfaite sûreté.

Voici de quelle manière je comprends que l'Etat doit faire l'emploi de ces capitaux.

Une somme de dix millions serait affectée à la colonisation. Elle serait divisée en fractions de 75,000 à 125,000 francs, dont chacune serait annexée à une étendue de terrain de 300 à 500 hectares. Tout homme qui réunirait les conditions de capacité et de moralité nécessaires, pourrait être autorisé par l'administration à réunir autour de lui, le nombre de familles nécessaire, et à se rendre avec elles en Algérie, pour diriger l'exploitation d'une ferme. Les capitaux lui seraient livrés sur les lieux par un agent du Gouvernement, à mesure qu'il justifierait de l'utilité de leur emploi. Il recevrait un appointement fixe, suffisant pour son entretien, et il aurait droit à la moitié des bénéfices et de l'augmentation de valeur de la ferme. Chaque travailleur aurait droit, outre son salaire journalier, à une part des bénéfices et de l'augmentation de valeur de la ferme, qui serait proportionnée à la somme de travail qu'il aurait exécutée.

Tous les ans la ferme payerait à l'Etat, sur les bénéfices de l'exploitation, l'intérêt de l'argent employé, à raison de 3 et 1/2 pour 100, et elle opérerait de plus le remboursement du dixième de la dette. Après l'entier remboursement de la dette, la ferme et toutes ses dépendances resteraient la propriété du directeur et des ouvriers, chacun suivant la proportion déterminée, à la charge de payer à l'Etat l'impôt obligé.

Par ce moyen, le directeur aurait gagné dans dix ans une somme considérable; les ouvriers seraient devenus tous propriétaires; l'Etat serait rentré dans ses fonds, et les capitalistes, rassurés par la confiance du Gouvernement, et attirés par les bénéfices considérables qu'ils verraient se réaliser, apporteraient leurs capitaux, et dès lors l'Algérie serait colonisée. On conçoit que ces dix millions produiraient au Gouvernement un intérêt bien plus grand que celui donné par la ferme, en permettant de diminuer les dépenses, à mesure que la colonisation s'étendrait, et en étendant les recettes dans la même proportion. Ainsi, sans aucune dépense, l'Etat réaliserait des bénéfices, et assurerait pour toujours à la France, la possession de notre conquête.

Le mode de colonisation, dont je viens de donner l'exposé succint, me paraît être le seul qui doive infailliblement être cou-

ronné d'un plein succès ; car seul il offre le moyen de rendre
l'exploitation agricole la plus productive possible. Il favorise l'é-
migration par l'appât d'un gain assuré, il n'impose à l'Etat aucune charge, enfin seul il porte en lui-même la garantie de la
sécurité, en permettant de réunir dans une circonscription peu
étendue, une masse de population assez nombreuse pour se dé-
fendre en cas d'attaque de la part des indigènes.

Qu'on examine attentivement le système de colonisation par
petites fermes, celui projeté de colonies militaires, et l'on se
convaincra qu'ils sont loin de réunir tous ces avantages.

C'est à nous, habitans du Midi de la France, qu'il importe le
plus qu'un bon système de colonisation soit employé ; car c'est
nous qui devons avoir les rapports les plus nombreux avec la colonie ; et si parvenue au degré de prospérité qu'elle doit atteindre,
elle peut faire une concurrence préjudiciable à certains de nos
produits, elle offrira aux autres des débouchés précieux, et de
nos échanges résultera nécessairement une augmentation de prospérité pour nos contrées.

Béziers, Imprimerie-Typographique de L. MARIOGE.